空间立体感知能力有效提升

天才数学秘籍

[日] 石川久雄 著　日本认知工学 编　卓扬 译

描点法，
让孩子赢在图形
认知的起跑线上

适用于
小学全年段

山东人民出版社
国家一级出版社　全国百佳图书出版单位

图书在版编目（CIP）数据

  天才数学秘籍. 描点法，让孩子赢在图形认知的起跑线上
线上 ／（日）石川久雄著 ；日本认知工学编 ；卓扬译.
-- 济南：山东人民出版社，2022.11
  ISBN 978-7-209-14029-4

  Ⅰ. ①天… Ⅱ. ①石… ②日… ③卓… Ⅲ. ①数学—少儿读物 Ⅳ. ①O1-49

  中国版本图书馆CIP数据核字(2022)第177309号

山东省版权局著作权合同登记号　图字：15-2022-146

天才数学秘籍·描点法，让孩子赢在图形认知的起跑线上
TIANCAI SHUXUE MIJI MIAODIANFA, RANG HAIZI YINGZAI TUXING RENZHI DE QIPAOXIAN SHANG
［日］石川久雄 著　　日本认知工学 编　　卓扬 译

主管单位	山东出版传媒股份有限公司	
出版发行	山东人民出版社	
出 版 人	胡长青	
社　　址	济南市市中区舜耕路517号	
邮　　编	250003	
电　　话	总编室 (0531) 82098914	
	市场部 (0531) 82098027	
网　　址	http://www.sd-book.com.cn	
印　　装	固安兰星球彩色印刷有限公司	
经　　销	新华书店	
规　　格	24开（182mm×210mm）	
印　　张	4.75	
字　　数	20千字	
版　　次	2022年11月第1版	
印　　次	2022年11月第1次	
ISBN	978-7-209-14029-4	
定　　价	380.00元（全10册）	

如有印装质量问题，请与出版社总编室联系调换。

目 录

致本书读者

■ 有的小学高年段学生不会画立体图形

包括"立体图形"在内的立体几何题目，是小学生在数学学习中的薄弱点之一。

我们曾经做过这样的实验，让小学高年级的学生在没有事先练习的基础上，听从指令画一个正方体。令人吃惊的是，只有少数学生能够画出正确的正方体，许多学生笔下的图形是歪歪扭扭的。

"用正方形和平行四边形，就能画出正方体哦。"对于那些画不好的学生，即使再和他们提示绘画要点，也没有什么用处。原来，对于不擅长立体图形的人来说，脑海中并不能浮现出图形的样子。

所谓的空间立体感知能力，和学习能力一样，都是随着年龄的增长而提升的。根据目前为止的训练指导和反馈，在适当的年龄进行相应的感知训练，往往可以获得事半功倍的效果。比如，在幼儿时期让孩子玩一玩积木，就有助于培养他们的空间立体感知能力。

在小学阶段，学生应该掌握如何在平面上画出一个立体图形。那么，有没有培养空间立体感知能力的具体方法呢？这就是"描点法"。一些画不好立体图形的孩子，使用"描点法"进行练习，很快就能掌握画图的诀窍了。

■ 描点画图有这样的效果

那么，通过"描点法"来练习又有怎样的效果呢？

简单来说，描点法画图就是在格点页面上连接一个个点，模仿示范图的样子画出同样的图形。当然，这并不是单纯的图形临摹。通过不断训练，它还可以达到以下效果：

①培养立体图形的感知力；

②画图时连接点与点的过程，也是一种控笔运笔练习；

③通过记忆图形的位置和形状，训练孩子的短期记忆能力；

④通过临摹复杂图形的练习，减少做题时的低级计算错误和抄写错误。

本书是以平面的方式来展示立体图形的，同时，在实际操作中，也会用立体图形的展开图来帮助学生理解。如果孩子仍然疑惑不解，家长还可以利用书本最后附带的展开图、额外购买纸或黏土等材料，和孩子一起做立体图形的模型。

"平面示意图或展开图"→"在脑海中产生印象"→"具体的立体图形模型"→"平面示意图或展开图"，重复这样的循环练习，大部分孩子就能掌握立体图形了。这也被认为是培养空间立体感知能力的有效方法。

■正确、耐心地临摹很重要

本书中的每个问题都设置了相应的目标时间。但是大家需要记住，最重要的依旧是"正确"临摹。在达成正确的目标之后，我们再向下一个目标——"正确快速"前进。

值得注意的是，在"天才篇"部分会涉及一些"思维拓展"这一难度的内容。如果是五年级以下的学生，可以不掌握这部分内容，看一看"描点法"思路的答案，学着临摹一下图形就可以了。

此外，像正方体的截面问题，我们认为与其看理论文字说明，不如拿出笔画一次图，更能有直观的感受。如果孩子在感知层面都很难接受的话，教授理论更是吃力不讨好。

当难度升级，遇到需要在脑中转动立体图形方向、变换视角观察图形等问题的时候，成年人也未必觉得简单。

这是学霸级的问题了吧？家长们可别这么想。当孩子遇到想不明白的问题时，可以学一学美术生练习素描的劲头，耐心认真地反复临摹吧。

本书使用指南

1 请在问题的右侧解题区域正确临摹出图形。描点画图的基础是连接点和点。请多多练习，尽量达到不使用尺子也能画出直线的水平。

2 如何判断正确与错误：
① 线条端点是否与格点重合；
② 实线与虚线是否正确区分。
如果以上两点皆为正确，那么即使在画图过程中线条略微弯曲，解答也为正确。因为要求过于严格，反而会打击孩子的学习热情。此外，假设图形临摹正确，但上下左右位置出现偏移，那么对解答的判断为错误。

3 解题请让孩子本人来，家长不要越俎代庖，做一名帮手就可以了。如果孩子对现实生活中的立体图形产生兴趣，家长可以向孩子展示身边的立体图形（骰子或纸巾盒等等）。

4 学习是一件循序渐进的事情，请不要一口气做完许多题目，一天的练习量最好不要超过 5 页。本书可以用在数学学习的前期以及数学作业的中期，作为一道"甜品"来食用。

5 请家长在第一时间判断解答是否正确，并给孩子及时进行反馈和改正，这有助于保持他们的学习动力。

例题 请对照下图，在右页画出同样的图形。

问题 正方体

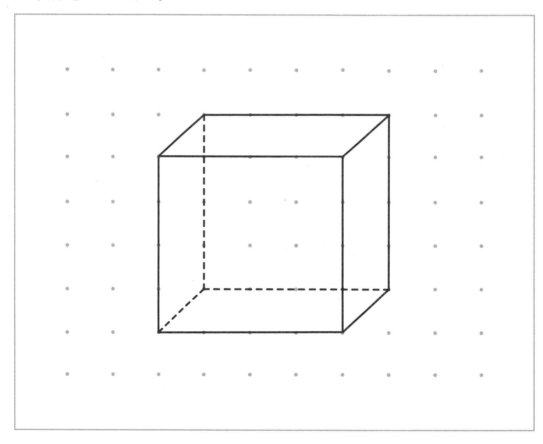

- 点与点之间要正确连接。
- 不使用尺子，画出直线吧。
- 临摹时，图形上下左右的位置方向也要保证一样哦。

解答示例

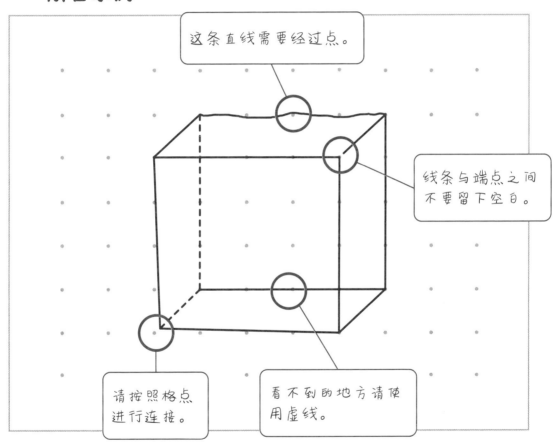

这条直线需要经过点。

线条与端点之间不要留下空白。

请按照格点进行连接。

看不到的地方请使用虚线。

初级

1

请对照下图，在右页画出同样的图形。
如果你有自信，就在 1 分钟内记牢吧。
临摹的时候，可不能再翻回来看了哦。

问题　正方体①

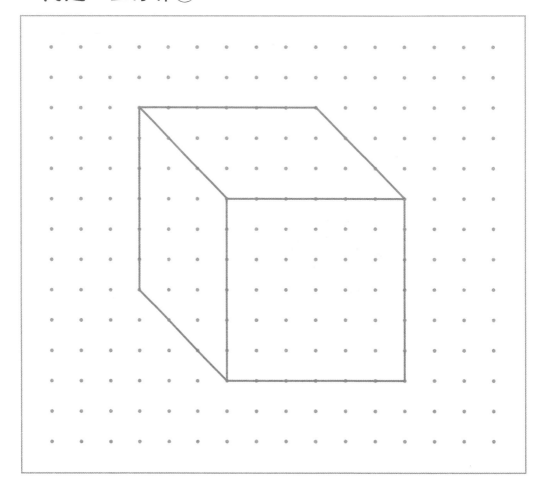

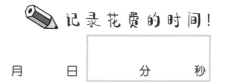

解答栏

你画对了吗?

初级 2

请对照下图，在右页画出同样的图形。
如果你有自信，就在 1 分钟内记牢吧。
临摹的时候，可不能再翻回来看了哦。

问题　正方体②

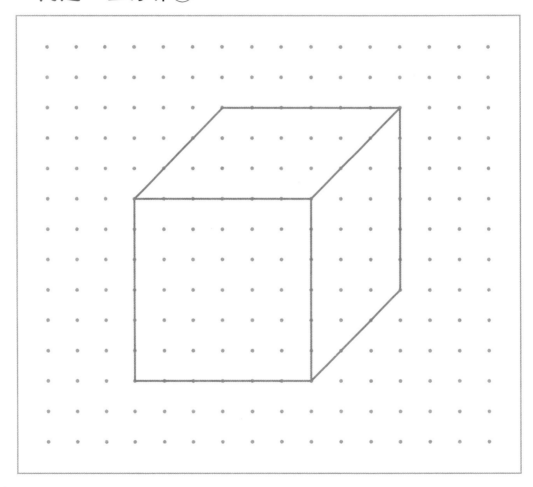

记录花费的时间！

| 月 | 日 | 分 | 秒 |

2分钟内完成 合格 1分钟内完成 天才

解答栏

你画对了吗？

请对照下图，在右页画出同样的图形。
如果你有自信，就在 1 分钟内记牢吧。
临摹的时候，可不能再翻回来看了哦。

问题　正方体③

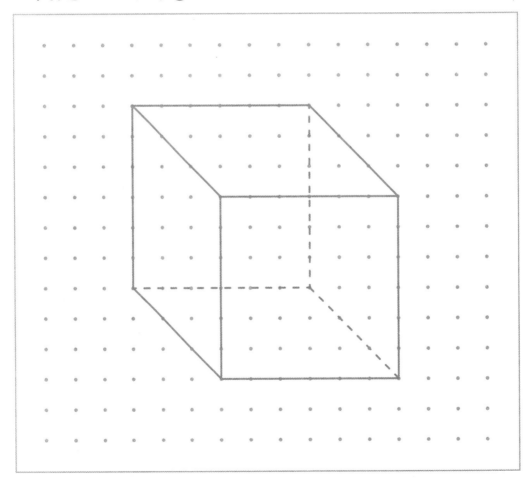

解答栏

你画对了吗？

请对照下图，在右页画出同样的图形。
如果你有自信，就在 1 分钟内记牢吧。
临摹的时候，可不能再翻回来看了哦。

问题　正方体④

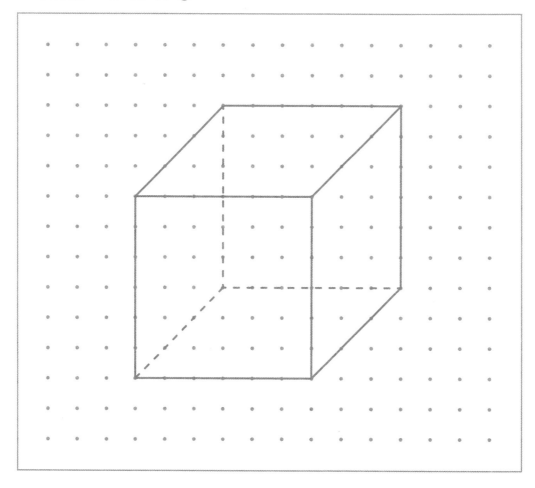

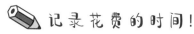
解答栏

你画对了吗？

请对照下图，在右页画出同样的图形。
如果你有自信，就在 1 分钟内记牢吧。
临摹的时候，可不能再翻回来看了哦。

问题　3 个正方体

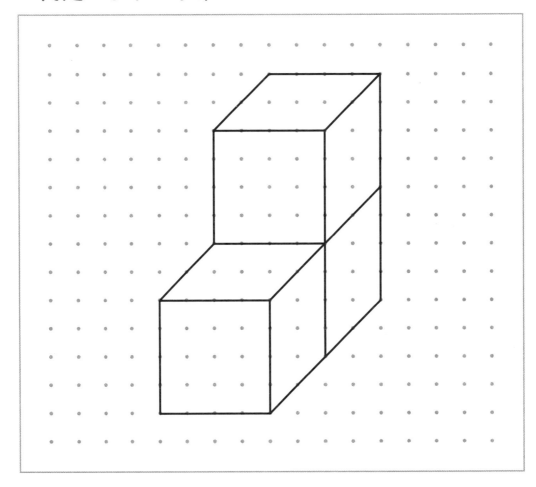

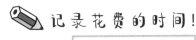

解答栏

别着急，细心最重要！

请对照下图，在右页画出同样的图形。
如果你有自信，就在 1 分钟内记牢吧。
临摹的时候，可不能再翻回来看了哦。

问题　4 个正方体①

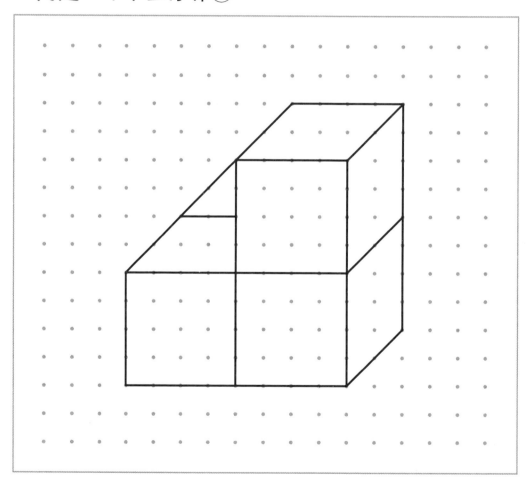

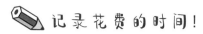

月	日	分	秒

2 分钟内完成 合格 ┃ 分钟内完成 天才

解答栏

你画对了吗？

初级 7

请对照下图，在右页画出同样的图形。
如果你有自信，就在 1 分钟内记牢吧。
临摹的时候，可不能再翻回来看了哦。

问题　4 个正方体②

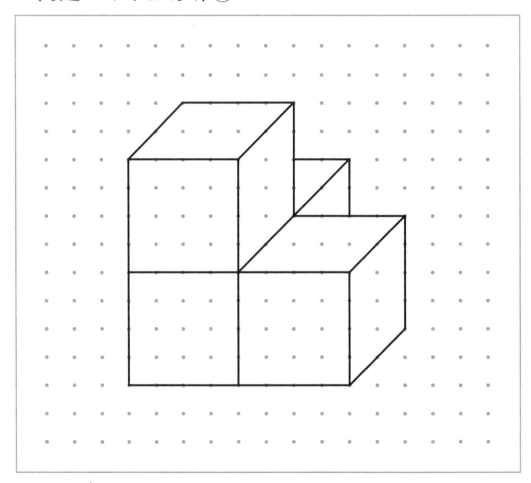

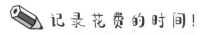

记录花费的时间！

| 月 | 日 | 分 | 秒 |

2 分钟内完成 合格 / 分钟内完成 天才

解答栏

你画对了吗？

25

初级
8

请对照下图，在右页画出同样的图形。
如果你有自信，就在 1 分钟内记牢吧。
临摹的时候，可不能再翻回来看了哦。

问题　4 个正方体③

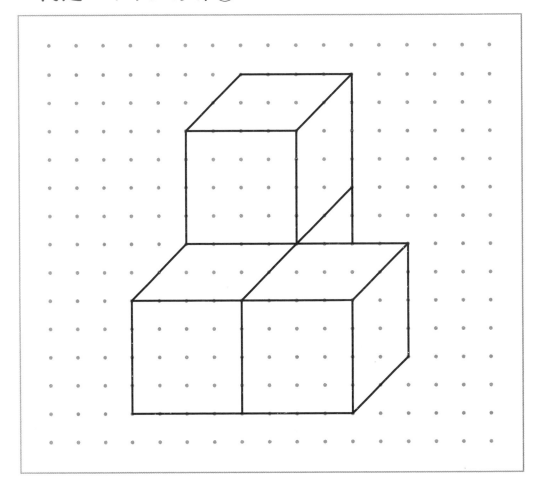

解答栏

你画对了吗?

请对照下图，在右页画出同样的图形。
如果你有自信，就在 1 分钟内记牢吧。
临摹的时候，可不能再翻回来看了哦。

问题 4 个正方体④

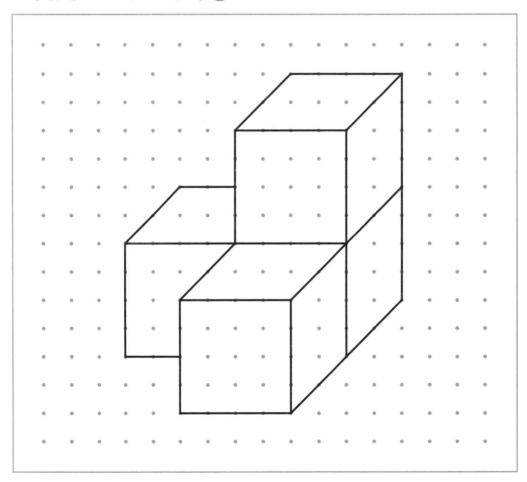

记录花费的时间！

月　日　｜　分　秒

解答栏

你画对了吗？

初级
10

请对照下图，在右页画出同样的图形。
如果你有自信，就在 1 分钟内记牢吧。
临摹的时候，可不能再翻回来看了哦。

问题　4 个正方体⑤

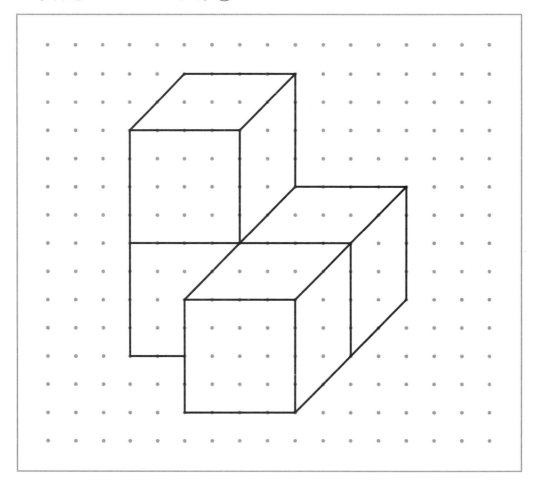

记录花费的时间！

月　日　分　秒

2分钟内完成 合格 1分钟内完成 天才

解答栏

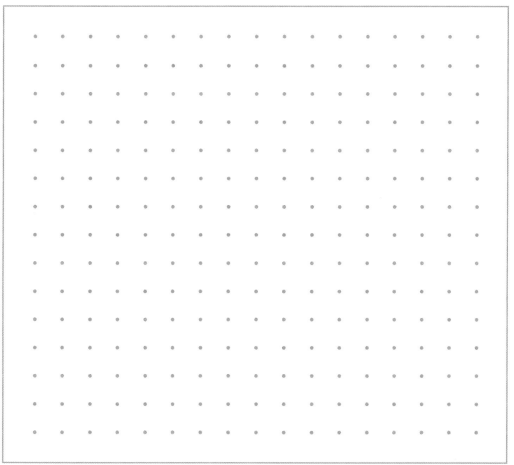

你画对了吗？

请对照下图，在右页画出同样的图形。
如果你有自信，就在 1 分钟内记牢吧。
临摹的时候，可不能再翻回来看了哦。

问题 4 个正方体⑥

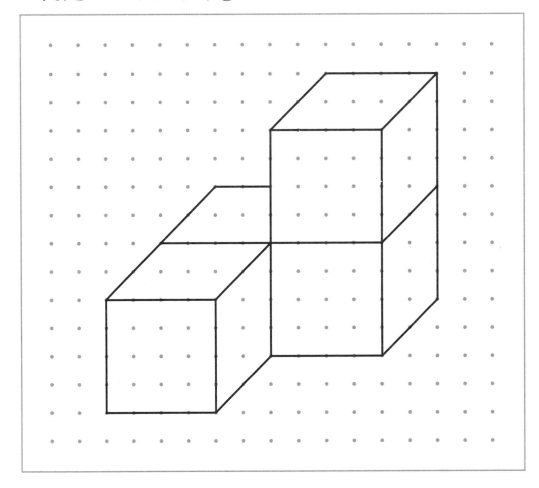

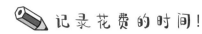
解答栏

你画对了吗?

33

初级
12

请对照下图，在右页画出同样的图形。
如果你有自信，就在 1 分钟内记牢吧。
临摹的时候，可不能再翻回来看了哦。

问题　4 个正方体⑦

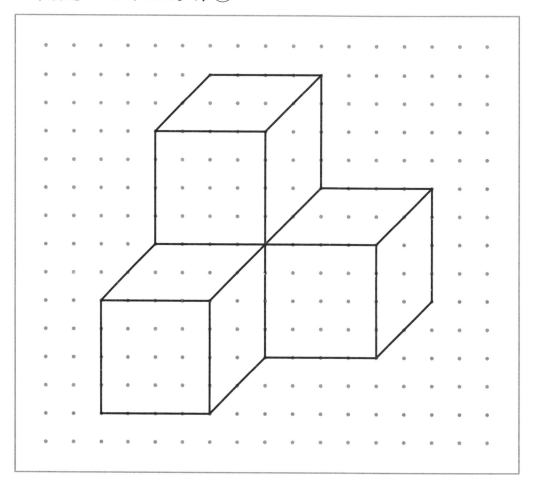

记录花费的时间!

| 月 | 日 | 分 | 秒 |

2 分钟内完成 合格 1 分钟内完成 天才

解答栏

准备好，我们要挑战中级篇啦!

请对照下图，在右页画出同样的图形。

问题　三棱柱①

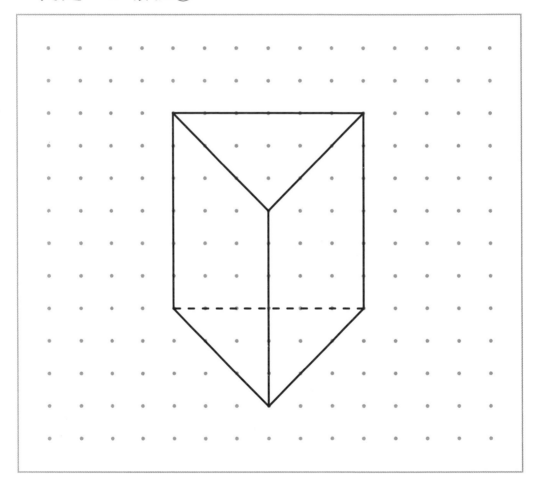

记录花费的时间！

月　　日　　　分　　秒

2 分钟内完成 合格 / 分钟内完成 天才

解答栏

你画对了吗？

39

请对照下图，在右页画出同样的图形。

问题　三棱柱②

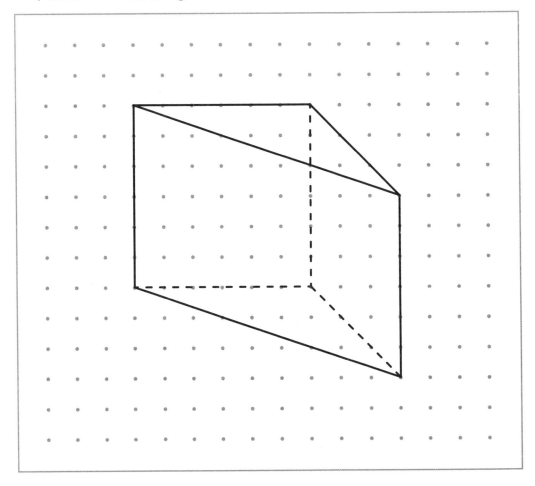

解答栏

画斜线时需要更有耐心哦！

请对照下图，在右页画出同样的图形。

问题　三棱柱③

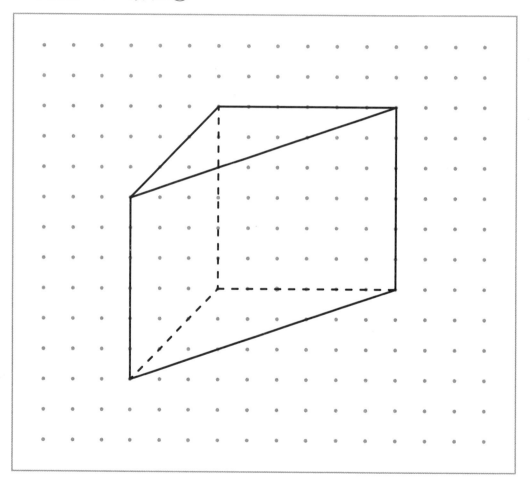

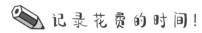
解答栏

你画对了吗？

中级 4

请对照下图，在右页画出同样的图形。

问题　三棱柱④

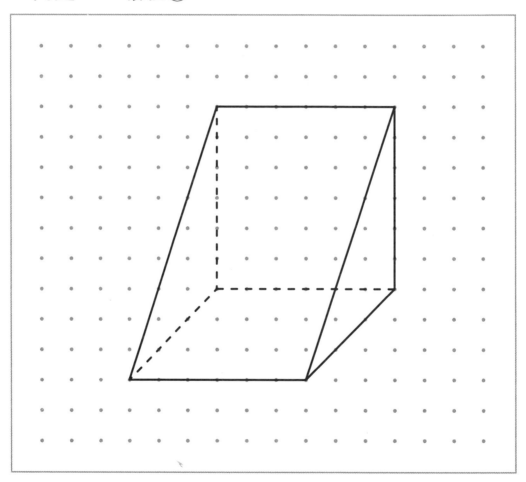

解答栏

你画对了吗？

请对照下图，在右页画出同样的图形。

问题　三棱柱⑤

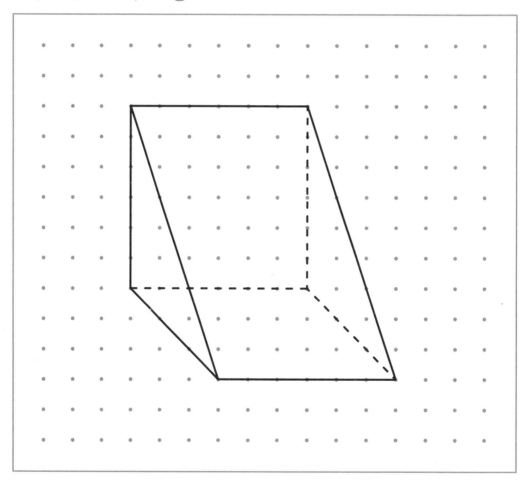

记录花费的时间!

月　日　｜　分　秒

3分钟内完成 合格　2分钟内完成 天才

解答栏

你画对了吗?

47

中级 6

请对照下图，在右页画出同样的图形。

问题　三棱锥

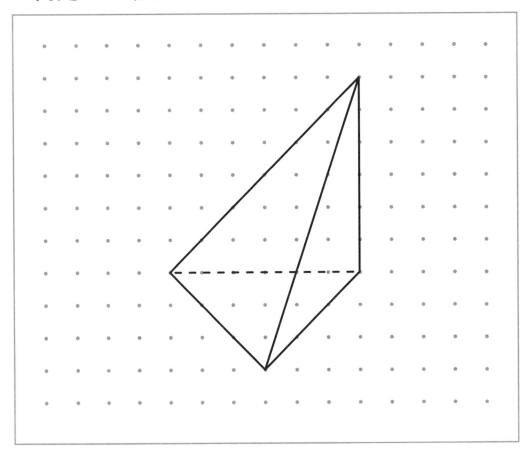

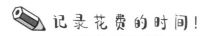

解答栏

你画对了吗?

请对照下图，在右页画出同样的图形。

问题　四棱锥①

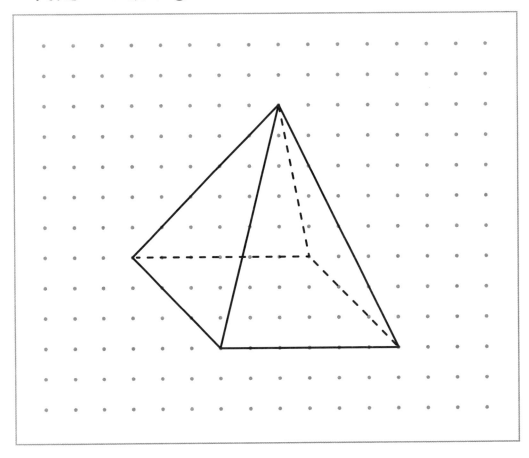

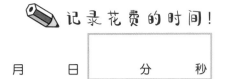
解答栏

你画对了吗？

请对照下图，在右页画出同样的图形。

问题　四棱锥②

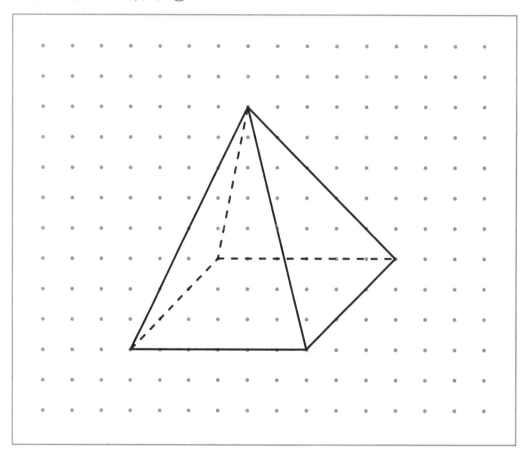

解答栏

你画对了吗？

中级 9

请对照下图，在右页画出同样的图形。

问题　五棱柱

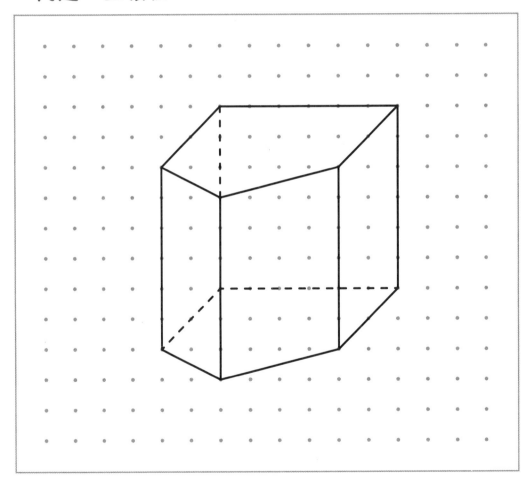

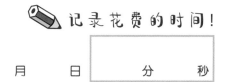

解答栏

你画对了吗?

请对照下图，在右页画出同样的图形。

问题 六棱柱

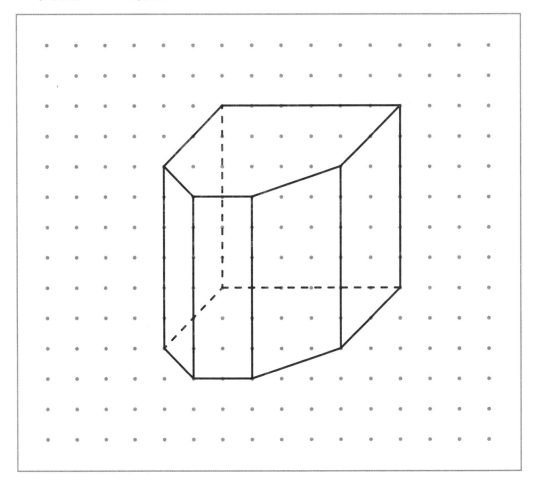

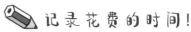
解答栏

中级篇完成，
给你点个赞！

请对照下图，在右页画出同样的图形。

问题 从正方体中纵向切除长方体

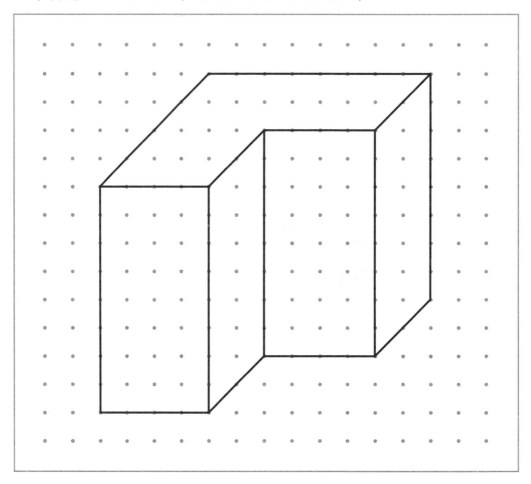

解答栏

你画对了吗？

请对照下图,在右页画出同样的图形。

问题　从正方体中横向切除长方体

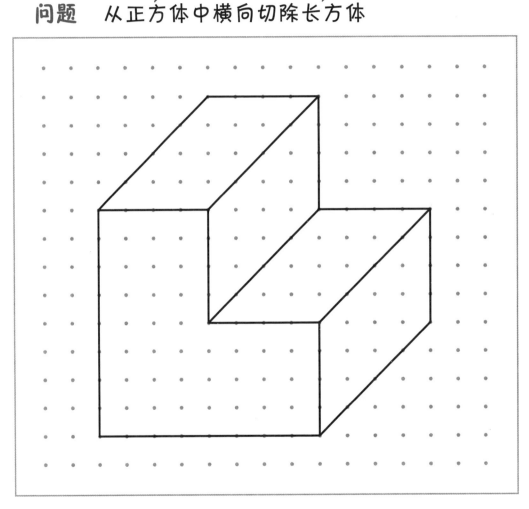

解答栏

你画对了吗？

请对照下图，在右页画出同样的图形。

问题 从正方体中切除边长为其一半的小正方体

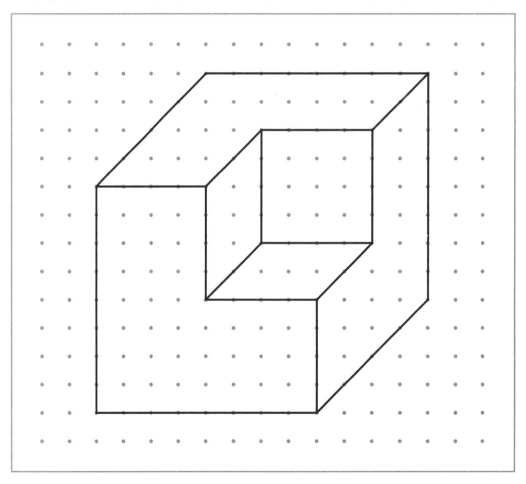

记录花费的时间!

月　日　分　秒

3 分钟内完成 合格　2 分钟内完成 天才

解答栏

你画对了吗?

请对照下图，在右页画出同样的图形。

问题　楼梯

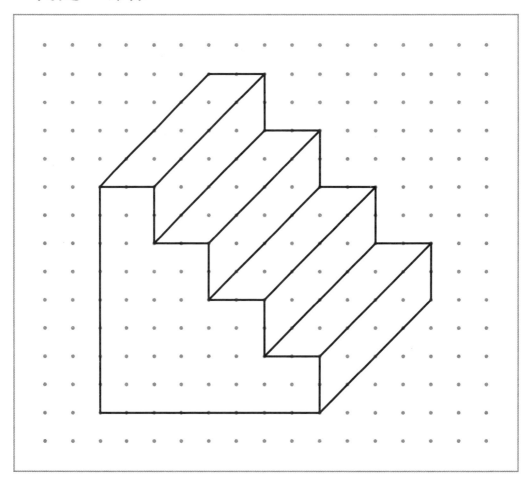

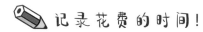
解答栏

你画对了吗?

请对照下图，在右页画出同样的图形。

问题　从正方体中切除三棱锥

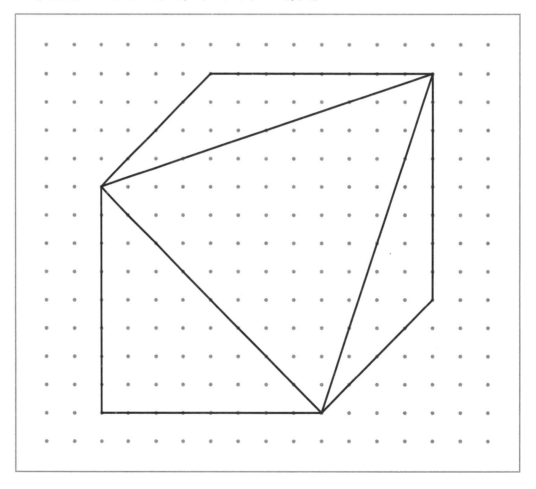

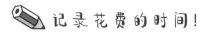
解答栏

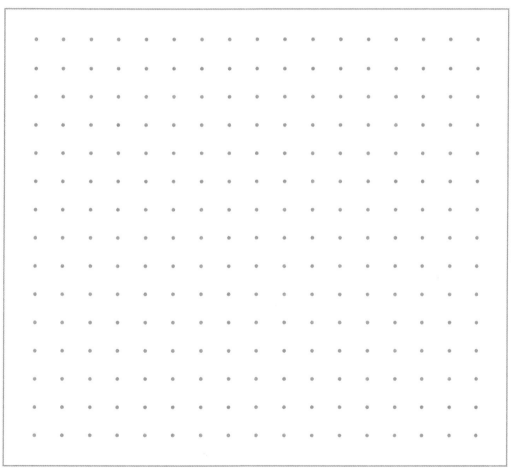

你画对了吗?

请对照下图，在右页画出同样的图形。

问题　从正方体中横向切除四棱柱

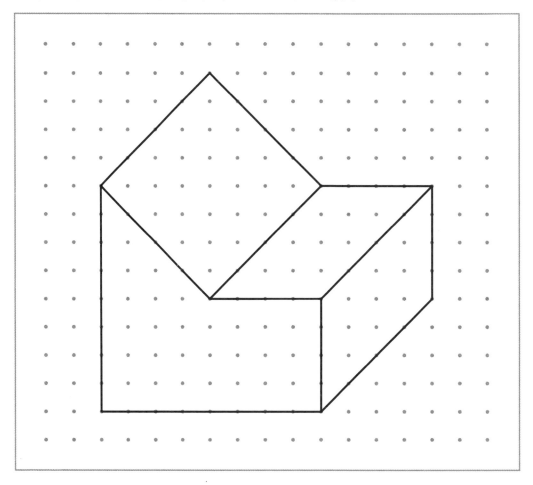

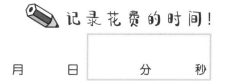

月　　日　　分　　秒

3分钟内完成（合格）　2分钟内完成（天才）

解答栏

坚持，加油！

高级 7

请对照下图，在右页画出同样的图形。

问题　从正方体中切除三棱柱

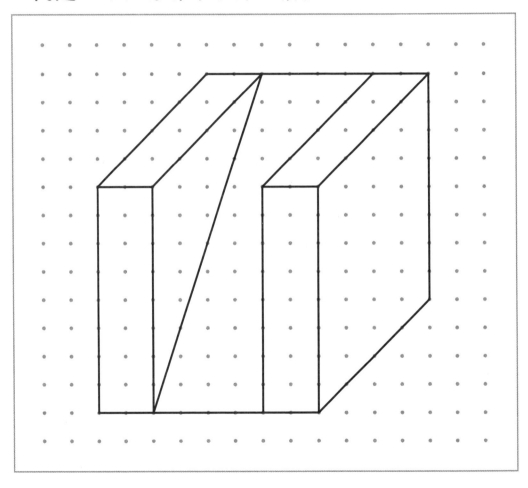

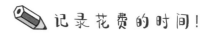
记录花费的时间！

月　　日　　　分　　秒

3 分钟内完成 合格　2 分钟内完成 天才

解答栏

你画对了吗？

73

请对照下图，在右页画出同样的图形。

问题　在正方体中央挖除上下贯通的长方体

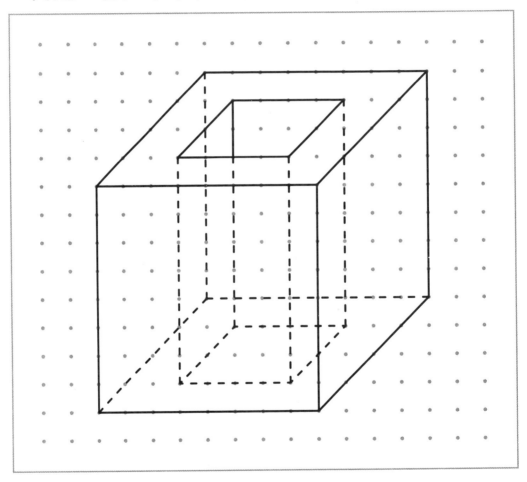

解答栏

你画对了吗?

高级 9

请对照下图，在右页画出同样的图形。

问题　在正方体中央挖除前后贯通的长方体

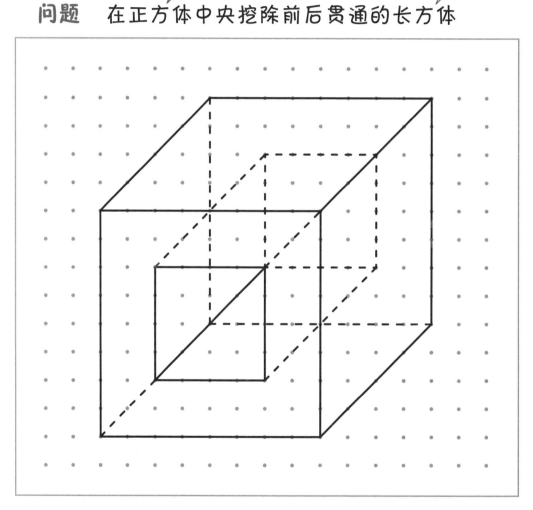

解答栏

你画对了吗?

请对照下图，在右页画出同样的图形。

问题　在正方体中央挖除左右贯通的长方体

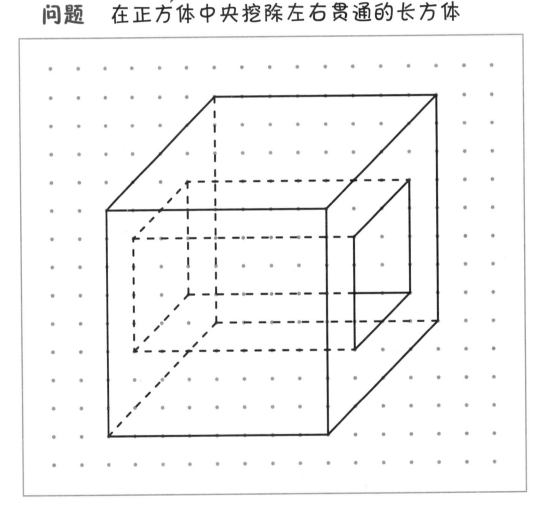

解答栏

接下来，终于到了"天才篇"的挑战！

请对照下图，在右页画出同样的图形。
（问题中的阴影部分，请用笔淡淡地涂出来。）

问题　正方体上过 A、B、C 三点截成的图形

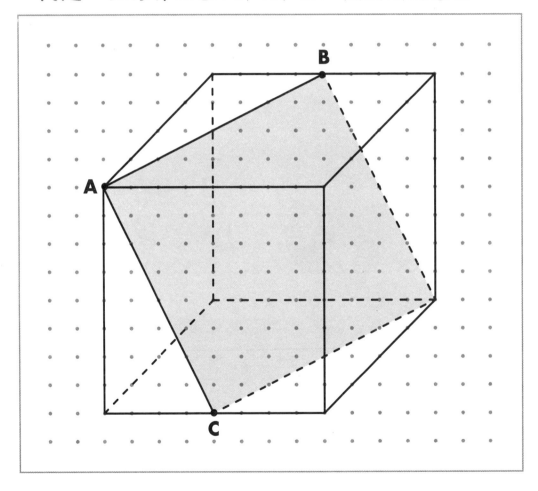

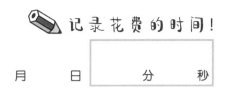

记录花费的时间!

月　日　　分　秒

3分钟内完成 合格　2分钟内完成 天才

解答栏

你画对了吗?

83

请对照下图，在右页画出同样的图形。
（问题中的阴影部分，请用笔淡淡地涂出来。）

问题　正方体上过 A、B、C 三点截成的图形

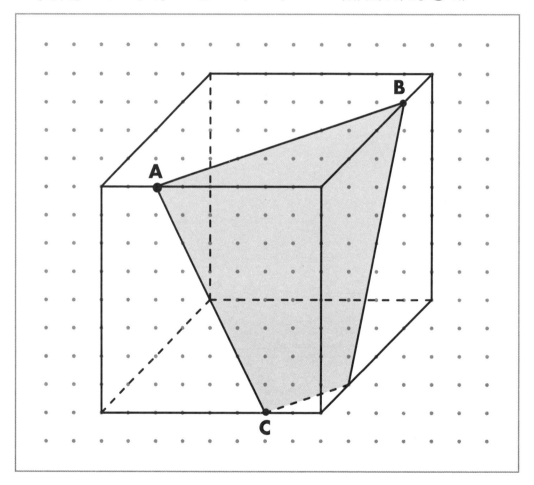

解答栏

你画对了吗?

请对照下图，在右页画出同样的图形。
（问题中的阴影部分，请用笔淡淡地涂出来。）

问题　正方体上过 A、B、C 三点截成的图形

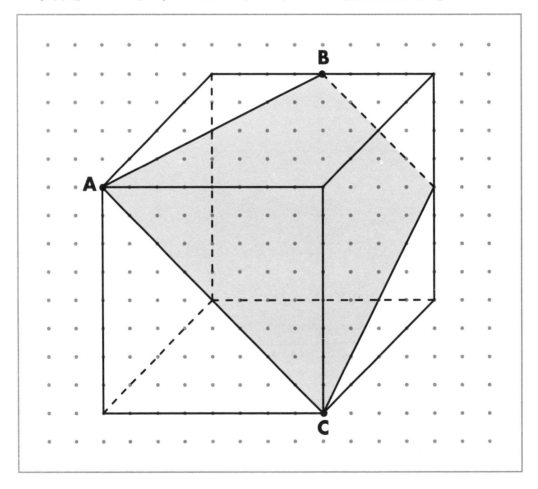

记录花费的时间!

月　日　| 分　秒 |

3分钟内完成 合格　2分钟内完成 天才

解答栏

你画对了吗？

请对照下图，在右页画出同样的图形。
（问题中的阴影部分，请用笔淡淡地涂出来。）

问题　正方体上过 A、B、C 三点截成的图形

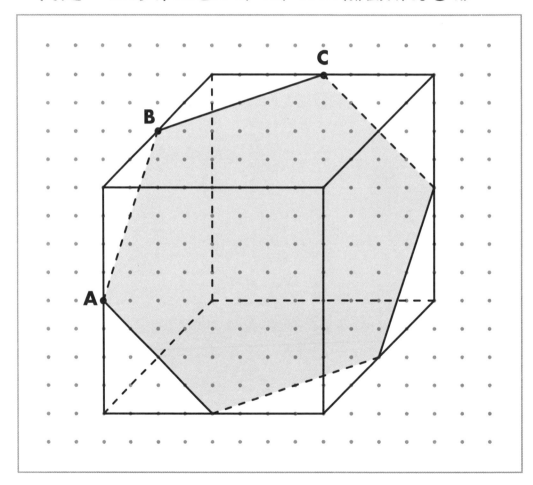

记录花费的时间！

解答栏

你画对了吗？

天才

5

保持立体图形组合不变，顺时针转动90度。
当A面朝向我们时，请画出视角中的图形。
（→答案在第102页）

问题　6个正方体组成的立体图形

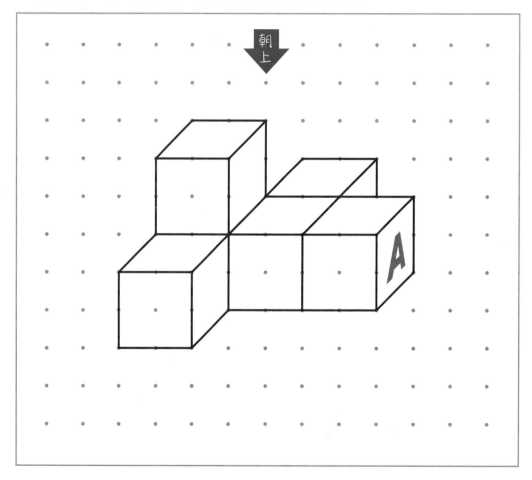

朝
上

A

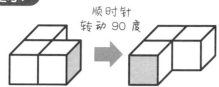

顺时针
转动90度

解答栏

A

没有思路的话，可以
翻看答案临摹哦!

保持立体图形组合不变，顺时针转动 90 度。
当 A 面朝向我们时，请画出视角中的图形。
（→答案在第 102 页）

问题 7 个正方体组成的立体图形

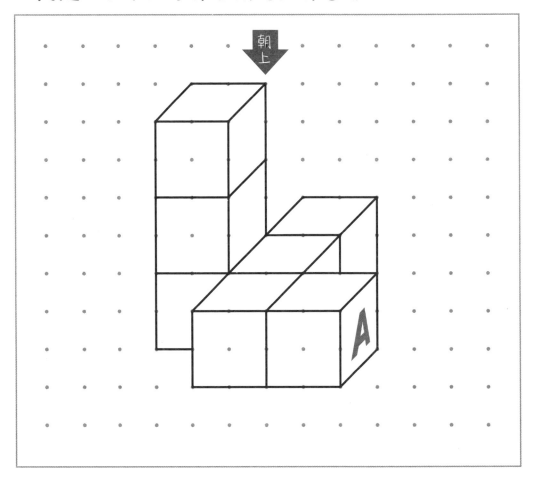

朝上

A

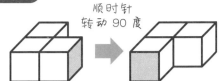

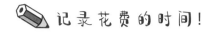

记录花费的时间！

| 月 | 日 | 分 | 秒 |

5分钟内完成 合格 3分钟内完成 天才

解答栏

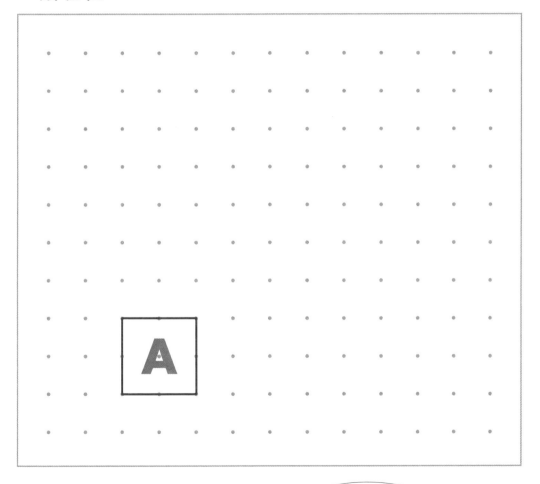

没有思路的话，可以翻看答案临摹哦！

保持立体图形组合不变，顺时针转动 90 度。
当 A 面朝向我们时，请画出视角中的图形。
（→答案在第 103 页）

问题　7 个正方体组成的立体图形

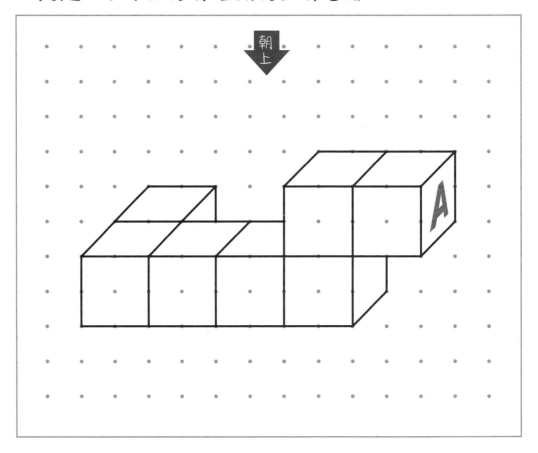

顺时针
转动 90 度

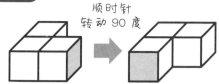

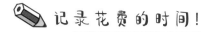 记录花费的时间!

月　　日　　　　分　　秒

5 分钟内完成 合格　3 分钟内完成 天才

解答栏

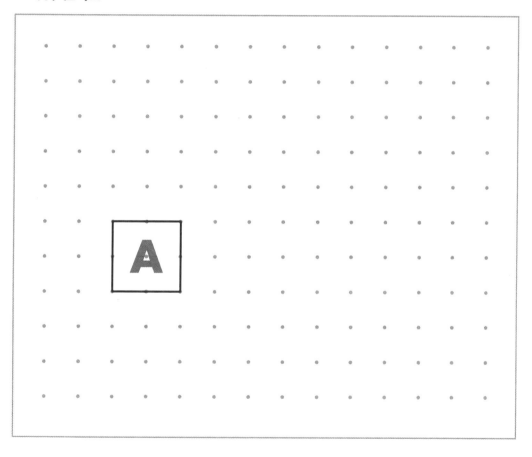

没有思路的话,可以
翻看答案临摹哦!

边长为 12cm 的正方体被切除一部分，下图中分别为该立体图形的俯视图、右视图、正视图。请在解答栏画出该立体图形的示意图。（→答案在第 104 页）

问题

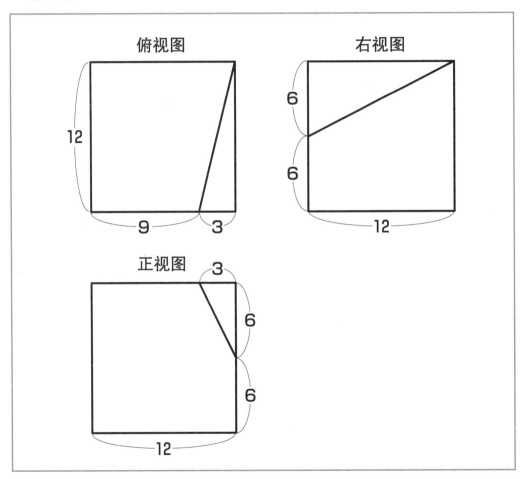

解答栏的朝向

解答栏 用淡线表示被切除前的正方体。

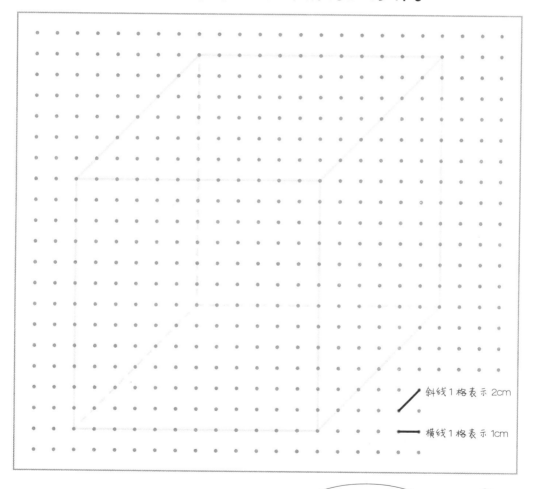

╱ 斜线1格表示 2cm

── 横线1格表示 1cm

没有思路的话，可以翻看答案临摹哦！

边长为12cm的正方体被切除一部分，下图中分别为该立体图形的俯视图、右视图、正视图。请在解答栏画出该立体图形的示意图。（→答案在第105页）

问题

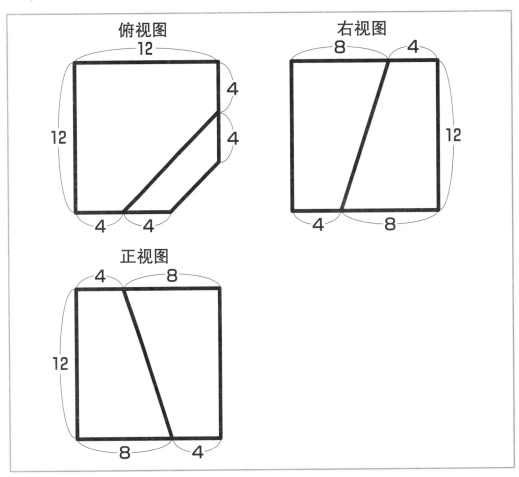

解答栏的朝向

解答栏　用淡线表示被切除前的正方体。

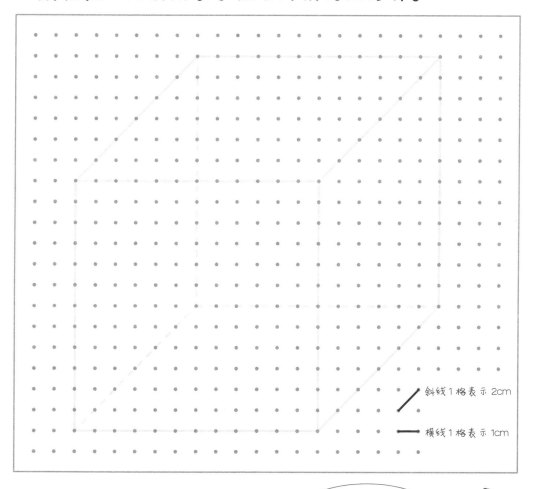

斜线1格表示 2cm

横线1格表示 1cm

没有思路的话，可以翻看答案临摹哦！

边长为 12cm 的正方体被切除两个部分，下图中分别为该立体图形的俯视图、右视图、正视图。请在解答栏画出该立体图形的示意图。（→答案在第 106 页）

问题

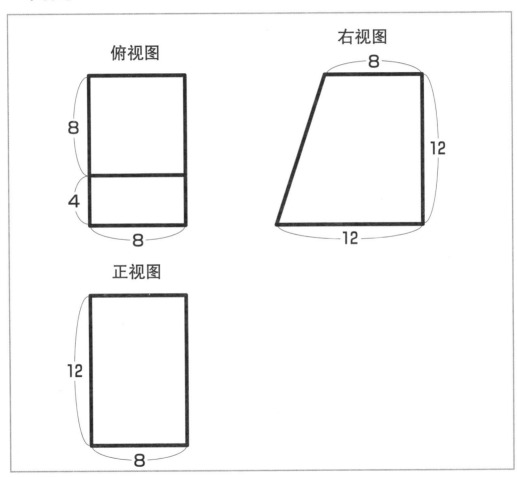

俯视图

右视图

正视图

解答栏的朝向

解答栏　用淡线表示被切除前的正方体。

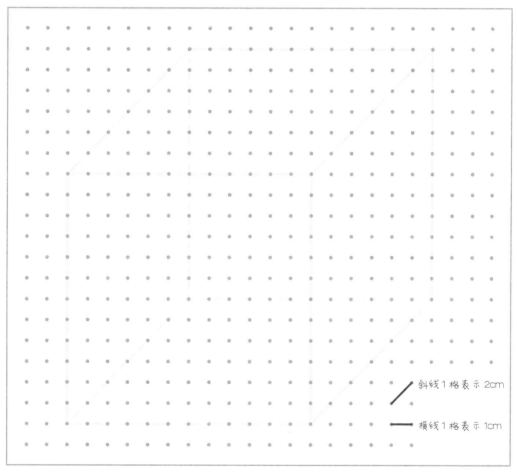

斜线1格表示 2cm

横线1格表示 1cm

完成了全部问题的你，真是个天才！

答案

天才 5

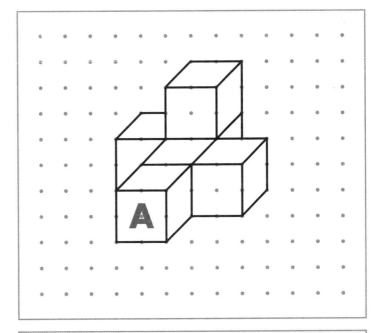

天才 6

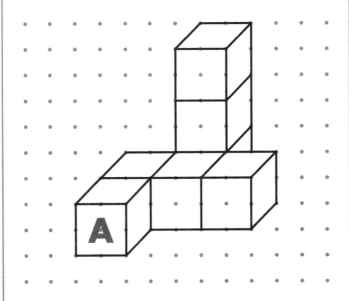

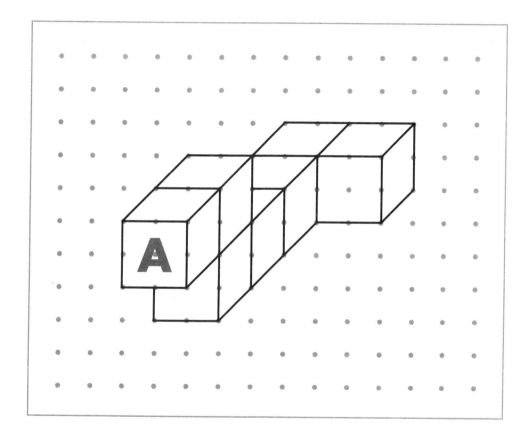

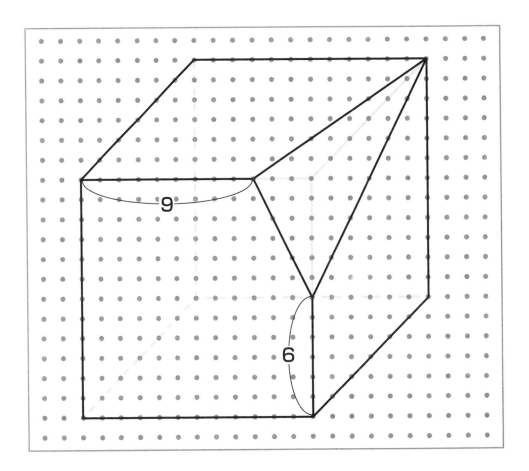

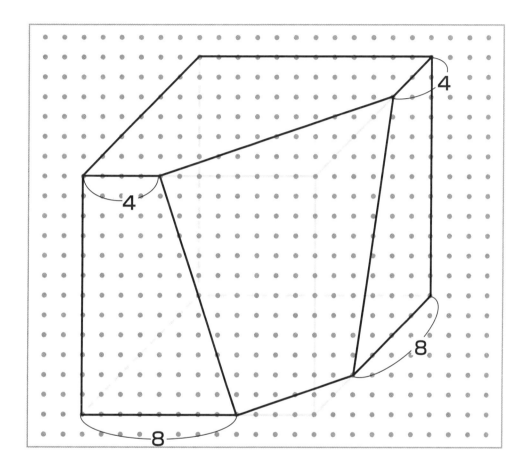

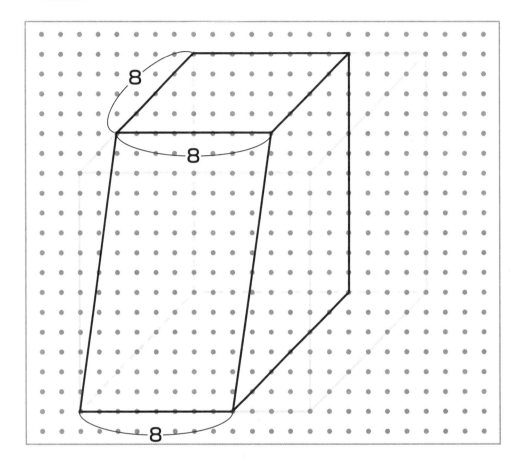

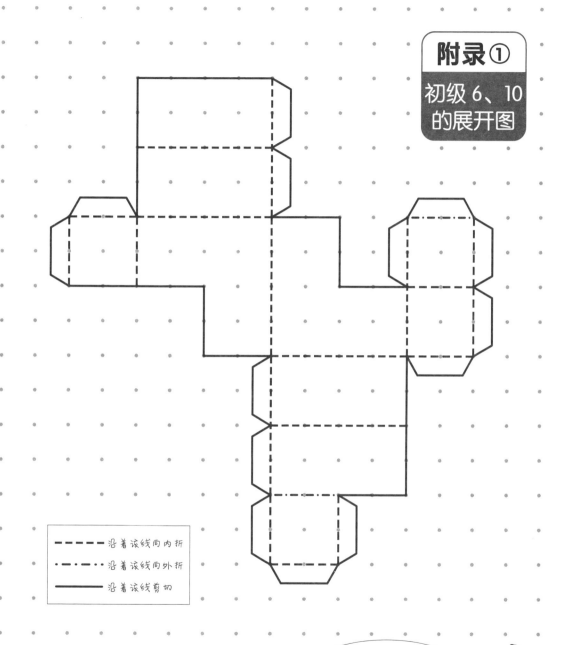

-------- 沿着该线向内折

-·-·-·- 沿着该线向外折

———— 沿着该线剪切

在格点页背后贴上厚纸，
会更容易定型哦！

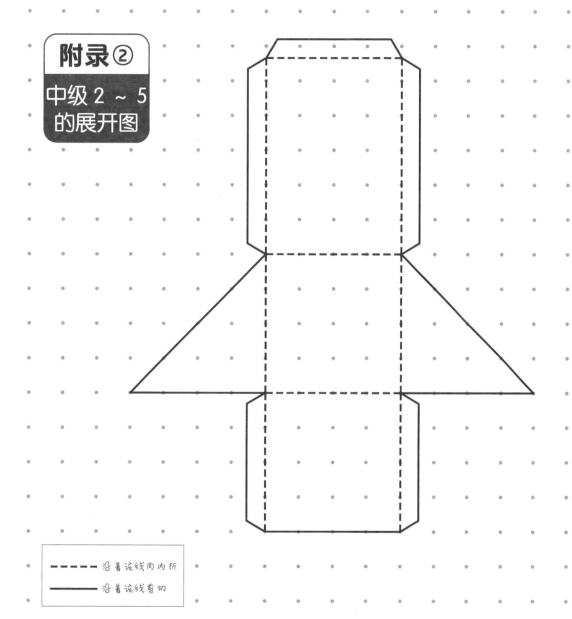

附录②
中级 2 ~ 5
的展开图

- - - - - 沿着该线向内折
———— 沿着该线剪切

在格点币背后贴上厚纸，
会更容易定型哦!

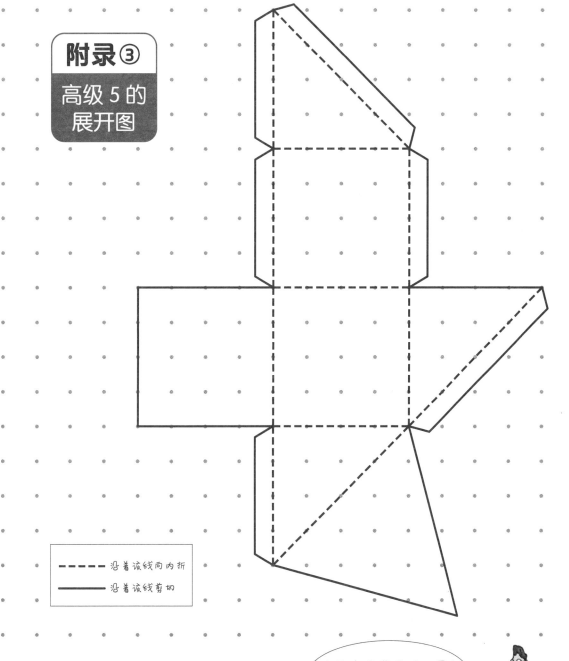

附录③
高级 5 的
展开图

----- 沿着该线向内折
———— 沿着该线剪切

在格点页背后贴上厚纸，
会更容易定型哦!

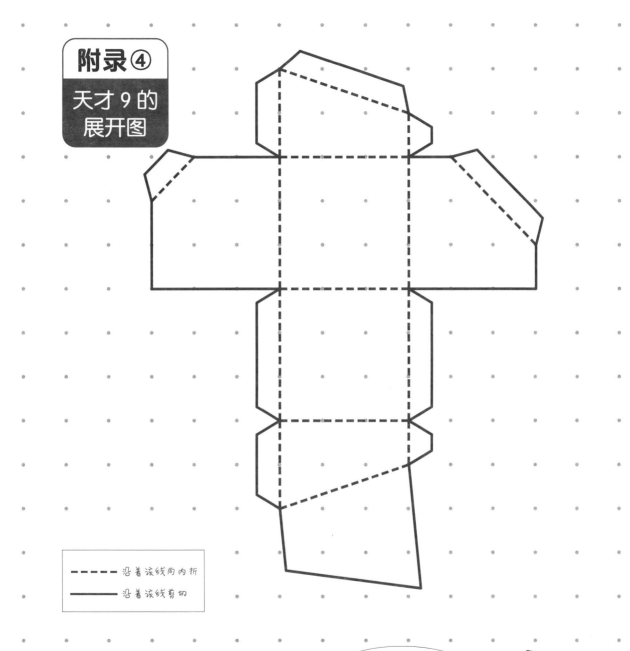

附录④
天才9的
展开图

- ------ 沿着该线向内折
- —————— 沿着该线剪切

在格点币背后贴上厚纸，会更容易定型哦！